나무들의
비밀스러운 생활

Original title: Das geheime Leben der Bäume.
Was sie fühlen, wie sie kommunizieren-die Entdeckung einer verborgenen Welt.
Copyright © 2015 by Peter Wohlleben, Hümmel

First published by Ludwig Verlag, a part of Verlagsgruppe Random House GmbH, Munich, Germany.

Graphic adaptation: Fred Bernard and Benjamin Flao
© Les Arénes, Paris, 2023

Cette bande dessinée a été proposée aux éditions Les Arénes par l'agence Literarische Agentur Kossack, Hamburg.

All rights reserved, No part of this book may be used or reproduced in any manner whatever without written permission except in the case of brief quotations embodied in critical articles or reviews.

Korean Translation Copyright © 2025 by The Forest Book Publishing Co.
Korean edition is published by arrangement with the author Peter Wohlleben
Represented by Literarische Agentur Kossack GbR through BC Agency, Seoul

이 책의 한국어판 저작권은 BC에이전시를 통해
저작권사와 독점 계약한 '도서출판 더숲'에 있습니다.
저작권법에 의해 보호를 받는 저작물이므로 무단 전재와 복제를 금합니다.

나무들의
비밀스러운 생활

The Hidden Life of Trees
: A Graphic Adaptation

페터 볼레벤 원작·각색

프레드 베르나르 각색 | 벤자민 플라오 그림
유정민 옮김 | 남효창 감수

더숲

차례

봄
지구의 탄생 _ 26 │ 나무 밑의 식물 _ 34
광합성과 파란 하늘 _ 39 │ 나무, 살아 있는 건물 _ 45

여름
건조 경보! _ 54 │ 나무와 비 _ 60 │ 산림욕 _ 68
번식 _ 78 │ 도시와 나무들 _ 88

가을
나뭇잎의 색 _ 103 │ 나이와 질병 _ 107
나무의 성장 속도는 느림 _ 131 │ 나무와 균류 _ 139

겨울
나무와 탄소 _ 152 │ 겨울 그리고 다양한 사건 _ 160
지능과 기억력 _ 176 │ 상부상조와 의사소통 _ 184

다시 봄
이동하는 나무 _ 200 │ 원시림 지지하기 _ 209

숲…
숲의 아름다움은 늘 나를 매료시켰다.
강하면서도 여린 낯선 섞임,
은밀하며 신비로 가득 찬 식물의 세계…

부식토와 이끼 향, 바스락거리는 나무 소리, 새소리, 가지를 스치는 바람, 빛과 그늘…
숲은 우리가 모르는, 하지만 우리 가슴속 가장 깊은 곳에 와닿는 언어로 속삭인다.

숲은 종종 이해받지 못하고 함부로 다뤄지곤 한다.
하지만 숲은 지구 삶에서 중심을 이루며 인류 생존에 필수적인 존재다.

내 이름은 퍼터 볼레벤이다. 30년 넘게 산림감독원으로 일했다.
세월이 흐를수록 나는 나무를 단지 개발 원료로만 보기 시작했다.
'생산성'이나 '수익성'만 생각했던 것이다.

그날이 오기 전까지는…

당시 나무에 대한 나의 지식은 정육점 주인이 동물의 감정에 대해 아는 것보다 많지 않았다.

이 그루터기를 발견하면서부터
숲은 갑자기 내게 신비로운 존재로 다가왔다.

생각지도 못했던
비밀과 풍부함이 가득 찬 세계.
나는 비로소 진심으로
나무에 관심을 갖기 시작했다.
그리고 사랑하게 됐다.
나무에게서 많은 것을 배운다.
자연 보호에 관심이 있든 없든,
인간과 숲의 삶은 깊게
연결돼 있다…

좋든 싫든 나무를 보호하는 건 대지와 인류 전체를 보호하는 것이다.

봄

나는 어떻게 작동하는지 알고 싶은 마음에,
그 시계를 조각조각 분해하기 시작했다.
내게 시계는 일종의 놀잇감이었는데,
나중에 모두 다시 제대로 맞출 수
있으리라 생각했다.

하지만 여러분 짐작대로
그건 불가능했다!

나는 최선을 다했지만,
결국 톱니바퀴 여러 개가
책상 위에 남았다.

내가 몹시 낙담했던 것,
그리고 할아버지한테 꾸중 들은
일이 아직도 생각난다.

한참 후에야 나는 알게 되었다.

기계식 괘종시계처럼 숲도
각 톱니바퀴, 각 구성 요소가
각자의 자리에서 자신의 역할을
수행 중이란 것을….

하지만 자연 생태계는 완벽한
기계보다도 훨씬 더 복잡하기에
비교는 거기까지였다. 숲은 마치 매우 진화한
초유기체(superorganisme)와 같았다.

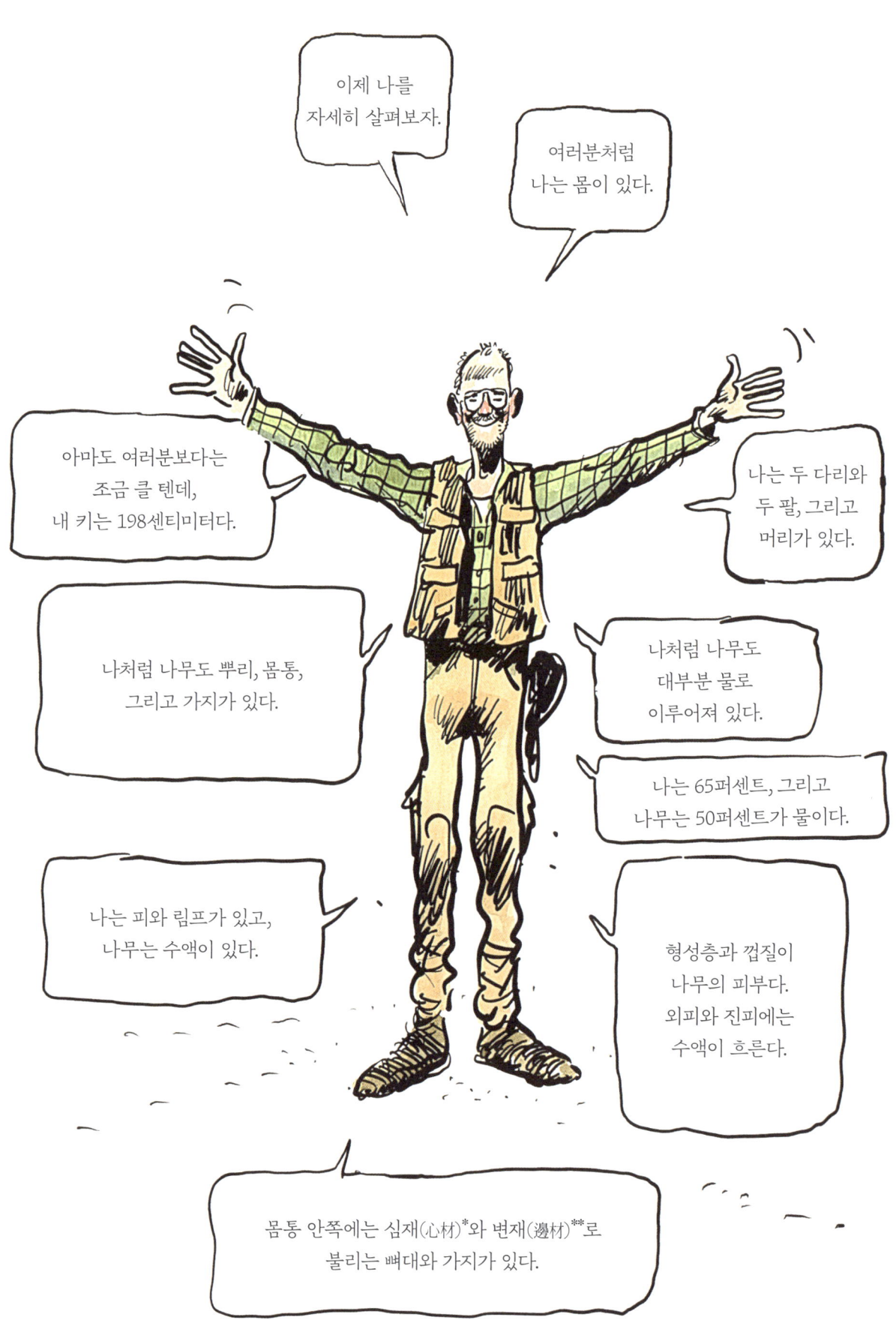

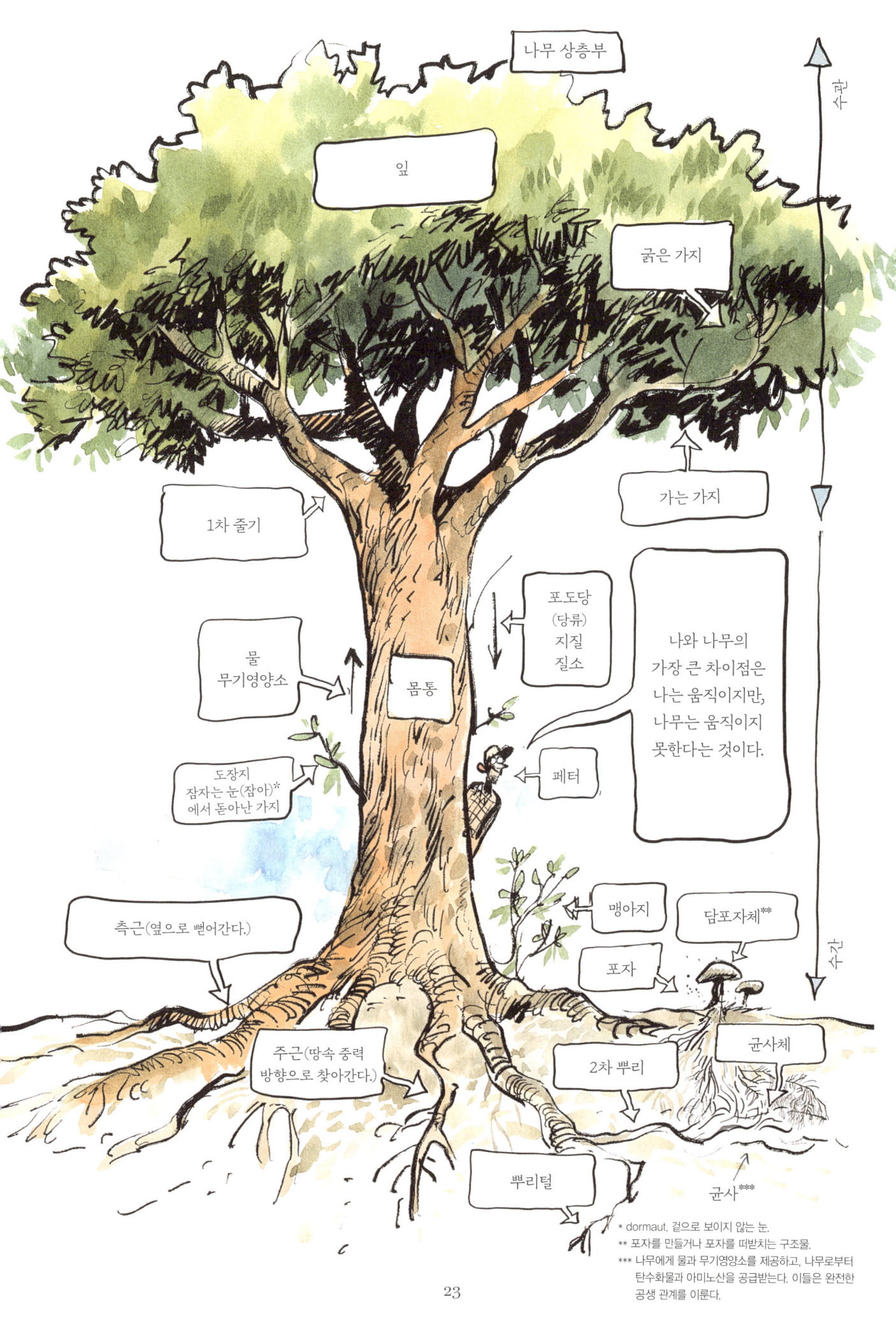

지구의 탄생

나는 인간이 달 탐험을 시작할 무렵 글을 읽고 쓰는 걸 배웠다… 그러나 사람들은 그때까지도 숲의 대지 아래서 매일 어떤 일이 일어나는지 거의 알지 못했다.

어릴 때는 시간 개념을 이해하지 못한다.

나무가 생기고 영양이 풍부한 땅에 자신의 뿌리를 내리는 데 수백만 년이 걸린다는 사실을 어떻게 이해할 수 있을까?

어릴 때 내가 아는 것이라곤, 지구가 우주에서 사라진 보물섬이었다는 것뿐이었다.

내가 몰랐던 건 마치 우리 가족이 점점 많아진 것처럼, 인간이 끝없이 늘어나서 이 땅의 모든 것을 먹어치우고 고갈시키는 중이라는 사실이었다.

특히 지난 200년간…

나무의 규모로 보면 순식간에 일어난 일이다!

오늘날 산림 바이오매스(생물량)의 절반이 땅속에 있다는 걸 아는 사람이 얼마나 될까?

맨 처음에는 지표면에 아무것도 없었다! 바위만 빼고…
그곳에서 수백만 년에 걸쳐 성분들이 생겨나기 시작했다.

여러분은 어지럽지 않은가? 나는 현기증이 난다.

그 성분들은 혹독한 기후, 빙하기, 결빙기와 해빙기를 거쳐 점차 미세입자로 분해됐다.

물과 바람에 떠내려가면서 이 침전물은 돌출된 공간 아래 쌓였다.

오랜 시간이 흐르면서 생각지도 못했던 생명체가 드디어 출현했다.

박테리아, 그리고 식물, 다음으로 해초가 대양을 점령했다. 물은 모든 생명의 근본이었다!

그러고는 천천히, 아주 천천히 부패한 식물과 죽은 박테리아가 부식토를 만들어냈다.

수천 년에 걸쳐서 드디어 진정한 토양이 만들어진 것이다.

아르카이옵테리스*
(*Archaeopteris*)

부식토가 만들어지고 점점 더 많은 식물이 생겨났다.

* 최초의 육상나무.

숲 바닥에 앉아볼까?

이 한 줌의 흙에 지구에 있는 사람 수만큼의 생명체가 있다.

말도 안 된다고? 사실인데!

지구에 사는 생물의 25퍼센트가 지하에서 산다.

비록 멋진 생김새는 아니지만,

귀여운 다람쥐나 예쁜 노루보다 생태계에 더 중요한 녀석들이다.

돋보기나 현미경으로 이 작은 곤충들의 행렬을 볼 수 있다.

은기문아목*
(최소 3억 천만 년 전에 출현)

1,000종 이상

다모환충류(多毛環蟲類)
(1만 3,000종 이상)
1.5~20밀리미터

바구미과
(5,000종 이상, 이 중 1,400종이 유럽에 서식)

톡토기
(최대 2~3밀리미터)

앉은뱅이목
(2~8밀리미터)

완보동물
(1,200종, 1밀리미터)

고환 아메바
(아메바, 토양 질을 나타내는 훌륭한 지표)

소각류
(400종)

연갑류
(갑각류 계열)

다지류
(그 유명한 다족류!)

윤형동물
(50마이크로미터~ 3밀리미터)

지렁이
(땅의 스타! 7,000종 이상이며 지구에 사는 생물 총량의 50퍼센트를 차지)

선충류(線蟲類)
(3,000종 이상)

매일 자기 몸무게의 0.5~1배에 달하는 박테리아와 세균을 재생하고 소화한다.

* 진드기. 이끼 진드기 또는 딱정벌레 진드기로도 알려져 있다.

나무 밑의 식물

어렸을 때 개를 기르고 싶었다. 그 바람을 이룬 지금은 비가 오나 눈이 오나 늘 개를 숲에 데리고 간다.

어른이 되어도 한 가지 변치 않은 게 있다. 집에 돌아오자마자 자료집을 뒤져 식물의 이름을 기억하려 애쓴다는 점이다.

봄이면 나무 밑의 식물이 또다시 가지 친 나무 그늘에 들어가기 전에 순서 없이 서둘러 꽃을 피운다.

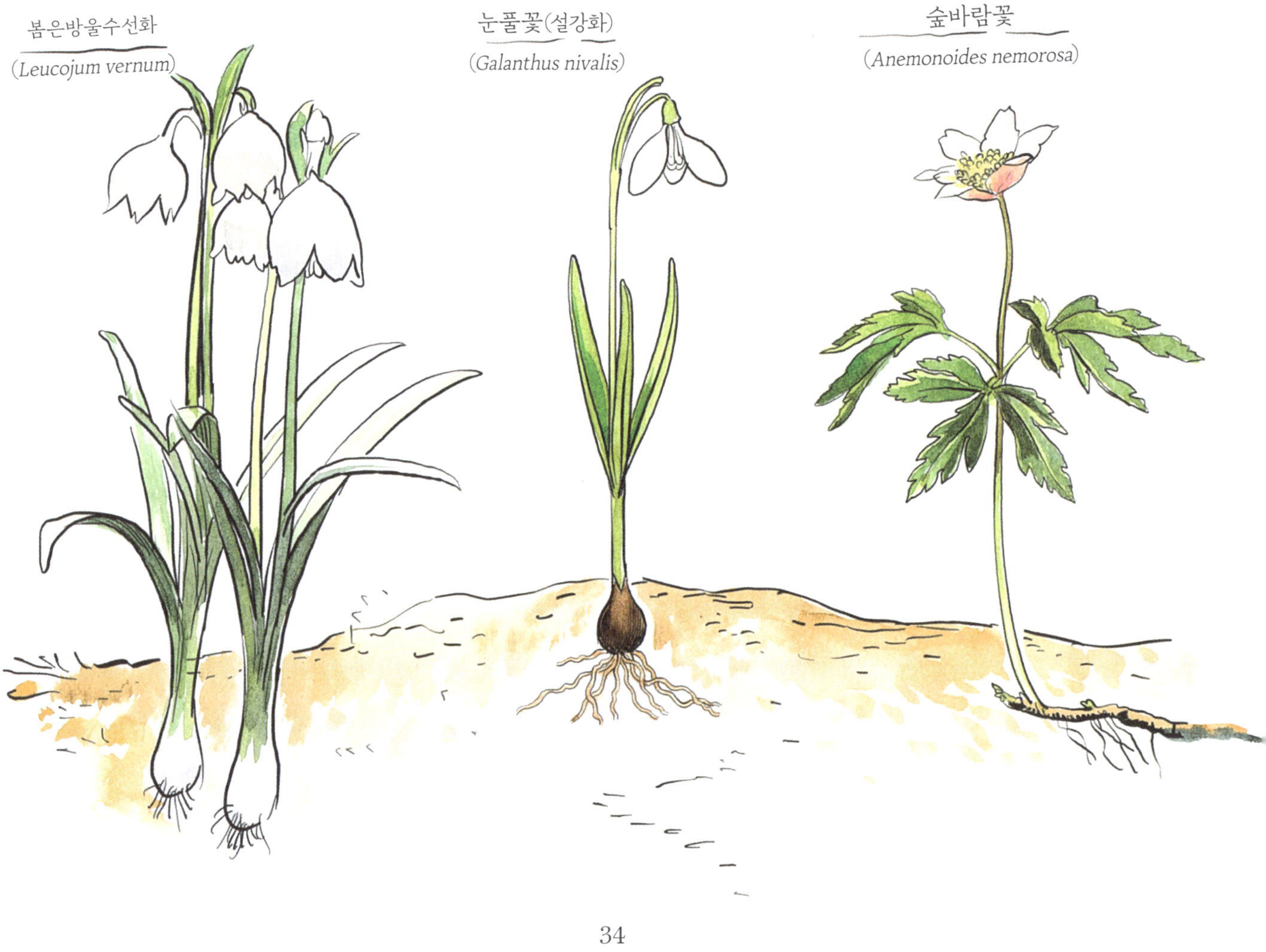

봄은방울수선화
(*Leucojum vernum*)

눈풀꽃(설강화)
(*Galanthus nivalis*)

숲바람꽃
(*Anemonoides nemorosa*)

하나같이 매우 아름다운 이 꽃들은 2월에서 5월 초까지 핀다.

어떻게든지

비에는 늘 양분이 섞여 있어서 이걸로도 충분하다.

나무의 줄기가 가지를 타고 흐르는 빗물을 통해 부족하지 않을 만큼 필요한 무기영양소를 얻는다. 자그마치 일 년간 10킬로그램가량의 빗물로부터 양분을 여과해낸다.

담쟁이보다 더 피해를 주지 않는 것은 조류와 균류의 공생으로 살아가는 지의류인데, 사람들은 나무가 병든 줄 알지만 사실 나무에 아무런 해도 입히지 않는다.

지의류는 나무처럼 수백 년을 살 수 있다.

그러나 지의류는 나무의 생장속도에 비하면 아주 조금씩 자란다.

난 꽤 빠르게 자랐다. 숲에서 놀던 꼬맹이 무리 중 내가 제일 컸다.

그리고 내가 가장 열정적이기도 했다. 나는 도토리와 너도밤나무 열매를 가져다가 물을 주면서 아기 나무로 자라는 걸 지켜보곤 했다.

그게 뭐야?

너도밤나무 씨앗이야.

나는 뉴스에도 관심을 가졌다.

'동맹 90/녹색당'* 같은 독일의 환경 운동이 매우 활발해서 공기 오염으로 인한 산성비 얘기를 듣곤 했다.

그리고 나라가 관리를 잘못해서 시들어가는 숲 이야기도 들었다.

하지만 그 원인에 대해선 과학자들 사이에도 이견이 있었다. 난 걱정이 돼서 귀 기울여 들었다.

* 독일의 녹색 정치 정당으로 1970년대 다양한 신사회 운동에 그 뿌리를 두고 탄생했으며 1993년 구 동독의 '동맹90'과 합병하여 '동맹90/녹색당'으로 당명을 바꿨다.

광합성과 파란 하늘

하늘은 파랬다가 회색빛이 되기도 한다. 가끔 비도 온다.

나는 맑은 날을 좋아했다. 그래야 밖에서 놀 수 있었기 때문이다. 그런 날은 시간 가는 줄 몰랐다.

넌 도대체 뭘하고 돌아다니니?

시계도 안 보고 다녀?

?

나는 늘 티 없이 파란 하늘과 한껏 절정에 오른 푸르디푸른 나무의 조화를 사랑했다.

나무도 그런 하늘을 좋아했으리란 게 확실하다. 왜냐하면 구름 한 점 없는 파란 하늘 아래서는 광합성 작용이 활발하게 일어나서 그런 날은 나무에게 '식사 시간'이자 '업무 시간'이기 때문이다.

차라면서 나는 학교에서는 구할 수 없는 좀 더 전문적인 책들을 읽었다.

그런 책을 읽으면서 나는 엽록소가 녹색이 아니란 걸 알게 됐다.

우리 눈에 인식되는 살아 있는 유기체와 물체의 색은 그 물체가 흡수하지 않아 반사되는 색이다.

그래서 엽록소는 특징이 있다. 녹색만 뺀 무지개의 모든 색을 흡수하기 때문에 우리 눈에 녹색으로 보이는 것이다! 나무가 흰 태양 빛을 모두 끌어당겼다면 우리 눈에는 나무가 검게 보였을 것이다.

광선의 97퍼센트가 나무의 상층부인 수관에 흡수되거나 차단되고, 3퍼센트 정도만 숲속 바닥에 도달한다. 그런 이유에서 숲속 키 작은 나무들은 초록 잎색이 어스름하다.

내가 이토록 사랑하는 녹색은 결국 역설적으로 나무에는 쓸모없는 색이란 얘기다.

믿기 어렵군!

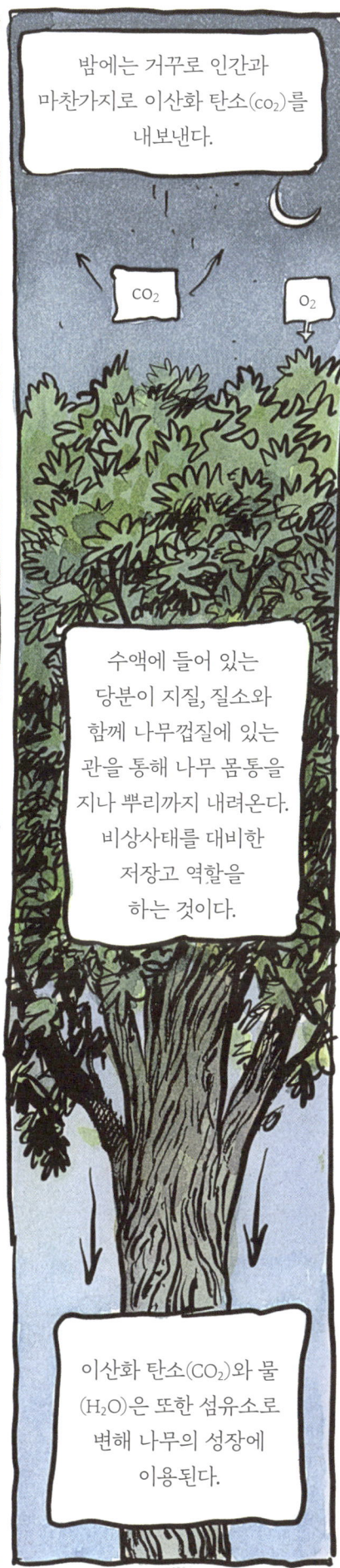

그럼 양분이란 뭘까?

다량요소
(칼슘, 마그네슘, 칼륨, 인, 황).

미량요소
(철, 아연, 구리, 니켈, 망간).

규산염 무기질
균류와 박테리아에 분해됨.
(장석, 엽산 규산염, 페로마그네슘).

나무는 낮 동안 어떻게 호흡할까?

당연히 잎을 통해 광합성을 하지만 몸체를 통하기도 한다.

겨울에는 어떻게 호흡할까?

주맥

측맥

기공. 입 모양의 작은 구멍.
잎은 기공을 통해서 호흡한다.

잎자루

나무는 뿌리에 에너지를 저장해뒀다가 필요할 때 사용한다

비록 겨울 동안 숲이 잠들어 있는 것처럼 보여도 땅 밑의 활동이 어찌나 활발한지 극지방처럼 추운 곳에서도 5센티미터 아래는 절대 얼지 않는다.

나무, 살아 있는 건물

자랄수록 나는 모피 사냥꾼처럼 숲에서 평생 살고 싶다고 생각하곤 했다.

나는 개암나무 가지로 활과 화살을 만드는 걸 계속했다.

나는 언제나 카우보이보다는 자연과 더 가깝고 자연을 더 존중하는 원주민이 훨씬 좋았다.

자 됐다!

라인강변의 인공 호숫가에서 나는 숲과는 다른 생물들을 발견했다.
나는 친구들과 함께 하는 자전거 소풍을 매우 좋아했다.

나는 최선을 다해서 개구리 소리를 흉내 냈는데,
개구리가 내 울음에 답하면 매우 의기양양해졌다.

어느 날 나는 책에서 아마두 암파테 바*가 "노인이 죽는 건 도서관이 불타오르는 것과 같다"라고 말한 걸 읽고 매우 아름답다고 생각했다.

나는 곧이어 생각했다. '나무가 죽는 건 건물이 거주자들과 함께 무너져내리는 것과 같다!' 나는 듬성듬성 구멍이 있는 매우 오래된 나무를 기어오르는 걸 좋아했다.

* Amadou Hampâté Bâ는 말리의 작가이자 역사가이자 민족학자.

* 흑니(식물체가 분해되어 원래의 형태를 알아볼 수 없게 된 검은색의 토양 유기물)에 의해 형성된 유기질 토양.

어린 새가 둥지에서 나올 수 있을 때까지 이렇게 매년 둥지를 만든다.

그러고 나면 구멍은 버려지지만 다른 주인이 생긴다.

구멍을 파지 못하는 새들에겐 행운이다!

딱따구리보다 작은 동고비가 그곳을 차지한다.

하지만 그들에게는 구멍이 너무 커서 진흙으로 입구를 줄인다.

그래서 동고비라 부른다!*

* 프랑스어로 동고비는 sittelle torchepot라 불리는데 이 이름은 동고비가 자신의 타액을 벽토(torchis)와 섞어서 둥지 입구를 만드는 데서 유래했다.

박쥐도 재빠르게 움직인다. 벡스타인 박쥐는 이곳에서 새끼들을 공동으로 키운다.

박쥐 암컷 무리는 며칠 후 이사하면서 매번 이사할 때마다 귀찮게 구는 기생충들을 남겨둔다.

올빼미는 버려진 둥지를 차지하기에 몸집이 너무 크지만, 시간이 지나면 해결된다.

올빼미, 40센티미터

균류가 작업하고 나면, 어느 날 금눈쇠올빼미나 다른 올빼미가 둥지를 이용할 수 있게 된다.

그리고 어느 날, 평소보다 바람이 세차게 불면, 나무는 더 이상 폭풍우에 견디지 못하고 뿌리째 뽑혀 쓰러진다. 이렇게 숲속에 누운 나무도 향후 몇 년 동안이나 많은 생물 집단에 살 곳을 제공한다. 5,000종에 이르는 동물, 식물 그리고 균류가 죽은 나무에서 살아간다.

사람이 사는 건물 중에는 이토록 오래 버틸 수 있는 것이 매우 드물다.

씨앗도 부식토나 풀이 없는 땅보다는 죽은 나무에 더 쉽게 뿌리를 내린다.

산림관리인으로서 죽은 나무가 부패할 때까지 그 자리에 그대로 두는 것의 효용을 이해하는 데 오랜 시간이 걸렸다.

인간이 잘 손질한 숲은 결국 반은 죽은 숲이다. 생물 다양성이 클수록 다른 생물에 피해를 주면서 성장하는 종이 줄어들기 때문이다.

여러분 생각에 동물은 어떤 숲을 더 좋아할 것 같은가?

여름

놀랍게 들릴지도 모르겠지만,
일 년 내내 물을 많이 공급받아온 나무들은
건기를 가장 못 견딘다.

절약하는 법을 배우지 못했기 때문이다.

배고픈 건 참으면서도
갈증은 두려워한다.

하지만 재난은 이미 벌어졌고,
나무는 사라질 운명에 처했다.
자연의 법칙은 매우 엄격하다.
방심하거나 적응하지 못하면
몸으로 그 대가를 치르게 된다.

나무와 비

1970년대 말, 고등학생이었던 나는 라인강 지역 숲에서 관찰했던 환경 파괴 문제를 잘 이해하지 못했다.

하지만 선생님들은 이미 우리에게 미래에 닥칠 생태학적 재난에 대해 알려주셨다.

산성비는 신문 기사를 장식했고 독일 전역에 큰 피해를 주었다.

대기오염 비율이 높아졌고, 사람들은 벌써 이산화 탄소 감량을 얘기했다.

인간 활동을 위해 화석에너지를 연소시킬 때 발생한 이산화 황과 질소가 질산을 생성한다.

그렇게 생성된 물질이 비에 섞여 땅에 떨어지면서 주로 침엽수림을 파괴한다.

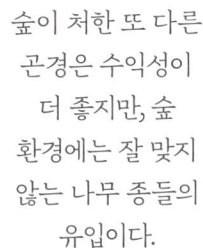

숲이 처한 또 다른 곤경은 수익성이 더 좋지만, 숲 환경에는 잘 맞지 않는 나무 종들의 유입이다.

단일 수종 조림 면적이 늘어나고 수확된 모든 목재의 장거리 수출도 증가했다.

이런 일들을 자세히 이해하지는 못했지만, 내가 그토록 사랑하는 숲이 위협받는 상황에서 가만있어서는 안 되겠다는 생각이 들었다.

더 놀라운 사실은 나무가 휘발성 입자를 공기 중으로 방출해
물방울을 머금을 수도 있다는 것이다. 이 기능은 비가 내리지 않는 날이
이틀을 넘지 않는 아마존강 유역에서 완벽하게 작동한다.

안타깝게도 내가 어렸을 때부터 시작된 브라질 해안의
산림 파괴로 인해 내륙에 비가 내리는 빈도도 감소했다.

나무가 흡수하지 않고 증발하지도 않은 빗물은 어떻게 될까?

숲 →

토양 →

포화지층* →

불침투지층 →

빗물은 인간의 삶에 매우 소중한 부분인
포화지층까지 스며든다.

* 지하수위(water table) 아래 모든 틈 사이가 물로 포화된 대수층의 일부.
포화층이라고도 함.

이 지하 저장고에서 샘이나 시냇물이 비롯된다.

언제나 나무 그늘에 있는 물가에 생물이 가장 많다.

이 작은 민물 달팽이는 거의 눈에 띄지 않는다.

학명은 침동굴우렁이(*Bythinella*)다.

그리고 여기!

내가 어릴 때부터 아주 좋아했던 도롱뇽과 소라고둥의 유충도 있다.

이 생명체들에겐 찬물이 필요하지만 겨울에는 물이 얼지 않아야 한다.
나무들은 이들이 서식할 수 있는 물의 온도를 조절해준다. 특히 활엽수들이 이 역할을 완벽하게 해낸다.

땅속에서 나오는 물의 온도는 9도 정도로, 심한 무더위에도 나뭇잎 아래서 시원하게 유지된다. 나뭇잎이 다 떨어진 겨울에는 나무가 태양광선을 거르지 않고 그대로 통과시켜 온도를 따뜻하게 유지한다.

나무는 이 작은 동물들의 성장을 돕는 요정이다.

온도를 조절해줄 뿐 아니라 환경도 변화시킨다.

산림욕

맥시! 이제 곧 돌아가야겠다.

다량으로 방출된 피톤치드는 우리의 면역체계에도 긍정적인 영향을 미친다.

숲에서 산책하는 동안, 그리고 그 이후에 기분이 상쾌한 것도 피톤치드 덕분이다.

나는 야간 숲 산책도 아주 좋아한다. 숲에서 나는 소리와 새 울음소리, 향기가 낮과는 매우 다르다…

비록 밤에는 산소가 적지만 말이다. 빛이 없으면 나무는 광합성을 하지 못한다!

그래서 나무에서 이산화 탄소가 방출되지만, 인간에게 전혀 해를 입히지 않는다.

* 원탁의 기사 이야기에 나오는 마술사 메를랭과 요정 비비안이 살았다는 브르타뉴의 숲.

번식

암수한그루인 소나무와 전나무는 번식이 매우 간단하다.

산들바람이 조금만 불어도 수컷 솔방울에 의해 노란 꽃가루(송화가루) 구름이 방출되어 침엽수림 위로 떠다닌다.

자가수정을 막기 위해 한 나무의 암꽃과 수꽃이 전략을 짠다. 며칠의 간격을 두고 서로 다른 시기에 꽃을 피우는 건데, 이는 매우 순조롭게 진행된다.

밑씨(배주)
수꽃 솔방울
암꽃 솔방울

일단 열매가 열리면, 솔방울 속의 씨앗이 하도 많아서 다람쥐나 솔잣새 등 어떤 포식자도 다 먹어치우지 못한다.

갯버들

호랑버들 같은 다른 나무들은 암수딴그루이기에 자가수정의 위험이 없고, 곤충이 먼저 수꽃의 꿀을 모아서 암꽃에 꽃가루를 묻히는 식으로 번식한다.

꽃차례(Catkin)

이를 위해 수꽃은 매우 눈에 잘 띄어야 한다. 회색과 노란색의 크고 향기로운 고양이 꼬리 모양의 꽃차례*는 꽃가루를 좋아하는 곤충에겐 거부할 수 없을 정도로 매력적이다. 그다음 단계로 눈에 잘 띄지 않는 녹색의 암꽃이 향기 나는 물질을 방출해서 곤충을 유인한다. 이제 게임은 끝났다!

* 꽃대에 붙은 꽃의 배열 상태. 화서(inflorescence)라고도 함.

내가 좋아하는 또 하나의 예시가 있다.

모든 너도밤나무와 참나무가 매년 풍부한 열매와 도토리를 만들어낸다면, 배고픈 멧돼지들에게는 아주 좋은 먹이가 될 것이다.

너도밤나무 열매 ↓   도토리 ↓

하지만 모든 새끼 멧돼지가 자라면 너무 많은 멧돼지가 소중한 씨앗을 모두 먹어치울 것이다.

그래서 너도밤나무와 참나무는 방법을 고안했다. 의도적으로 풍요와 빈곤을 교차시키는 것이다! 4, 5년간 연속해서 씨앗을 매우 조금만 생산한다. 몸에 충분한 지방층을 축적하지 못한 멧돼지들은 굶주림으로 겨울을 나지 못한다.

사냥꾼들이 먹이를 주지 않는 이상 멧돼지들은 굶어죽을 것이다.

멧돼지 수가 줄면 너도밤나무와 참나무는 이때다 하고 최대한 많은 열매를 맺어서 자신들의 씨앗이 땅에서 발아해 성장할 확률을 높인다.

아니면 무기도 방어도 없이 어떻게 자신의 포식자와 맞서 싸우겠는가. 정말 영리하지 않은가?

다행히도 다 자란 성체 참나무는 생존에
도움이 되는 다른 장점을 가지고 있다.
너도밤나무보다 열등하긴 하지만
경쟁자가 없을 때는
강하고 단단하게 자란다.
향이 좋은 참나무는 너도밤나무보다
강한 탄닌을 함유하고 있어
벌레와 균을 쫓는 효과가 있다.

너도밤나무와 달리
번개에 가지를 잘린 참나무는 느리지만,
틀림없이 새 가지를 만들어낸다.

사실 너도밤나무는 참나무의 자리를 빼앗는 왕자라 할 수 있지만, 숲의 왕은 참나무다!

어릴 때 내가 몇 번이나 보물을 찾으러
친구들과 땅을 팠을까?

그때는 잘 몰랐지만 내 손톱 밑의
검은 부식토가 정말 값진 보물이었다!

나무에 최적인 토양은 대체로
다른 모든 종에게도 최적이다.

그런 토양은 양분이 풍부하고 부드럽고 깊숙이 있어도
바람이 잘 통하고 균형 잡힌 일정한 습도를 유지한다.
여름에 너무 건조하지 않고, 겨울에는 너무 차갑지 않다.

내가 사는 지역의 위도에서 모든 토질이 이상적이라면,
성장이 빠른 너도밤나무가 분명 곳곳에서 우위를 차지할 것이다.
하지만 현실은 달라서 많은 종이 어려운 환경에서도 자라난다.

독일가문비나무는 추운 지방의 챔피언이다. 매서운 추위가 기승을 부리는 추운 계절 동안 침엽을 간직했다가 나뭇잎이 펼쳐지기도 전에 광합성을 시작할 수 있다.

상록침엽수인 주목은 빛을 많이 필요로 하지 않아서 다른 나뭇가지 사이로 들어오는 3퍼센트 빛만으로도 만족한다. 이 나무는 거의 불멸이라고 할 수 있다. 양분을 매우 많이 저장하고 있어서 뜯어먹히거나 부서져도 여러 몸체가 다시 하나로 모여 자라기 때문이다. 1,000년 이상을 살 수 있다.

자작나무의 친척인 서어나무도 30미터까지 자라는 경우는 드문데, 주목보다는 좀 더 빛이 필요하다. 참나무 옆에서 자라도 너도밤나무처럼 참나무에 해를 입히지 않는다. 너도밤나무보다 더 절제력이 있어서 건조함이나 열기도 잘 견딘다.

단 하루도 허비하지 않는다!

하지만 20미터를 넘는 건 드물다!

그래서 해가 많이 내리쬐는 남쪽 경사면에서도 잘 버틴다!

그리고 맹그로브*는 네모 선장**이다!

* 아열대나 열대의 해변과 하구의 습지에서 자라는 관목과 교목을 통틀어 이르는 말. 조수에 따라 물속에 잠기기도 하고 나오기도 한다.
** 쥘 베른의 소설 《해저 2만 리》와 《신비의 섬》에 등장하는 인물.

도시의 나무들

도시 쥐와 시골 쥐처럼 숲과 도시의 토질은 매우 다르다.
나와 내 반려견처럼 나무도 도시에선 불행하다.
그리고 대부분의 사람이 나무에 대해 전혀 관심이 없다!

여하튼 도시 나무는
결코 오래 살지 못한다.

나무를 자주 베면
나무에 상처가 나고
결국 병든다.

도시 나무는 허약하고 위험해진다.
그러면 사람들은 이들을 잘라내고
새 나무로 교체한다.

오랫동안 나무는 도시에서 장식품으로 여겨졌다. '노상 시설'처럼 말이다.

오늘날 사람들은 인간의 안녕을 위해 훨씬 더 많은 나무를 심어야 한다는 걸 알고 있다. 왜냐하면 나무들이 주방 환풍기처럼 오염 물질을 빨아들이기 때문이다.

그을음, 산, 탄화 수소, 그리고 모든 종류의 먼지를 말이다.

숲속의 나무만큼 아름다운 게 없다! 예술평론가처럼 나무 전문가도 결코 나무에 '웅장한', '멋진', '우아한' 같은 형용사를 사용하지 않는다.

하지만 나무는 우리가 일상에서 접할 수 있는 가장 사랑스럽고 놀라운 생물 중 하나다.

학업을 마쳤을 때 나는 나무와 함께 살면서
나무를 돌보는 즐거움을 누리는 것에 대한 기대밖에 없었다.

하지만 그 전에 나는 수많은 오해와 무지에 직면해 끝없는 좌절감을 맛보아야 했다.

철저하게.

자, 맥시…

집에 가자!

어렸을 때부터 나는 나무 위로 떨어지는 빗소리를 좋아했다.
나무 종마다 자신의 나뭇잎 두께와 형태에 따라 각자의 곡을 연주했다.

숲마다 특유의 향기, 고유한 땅, 비옥한 부식토가 있다.

나뭇잎 아래서 나는 콧구멍을 통해 축축하고 부드러운 흙냄새와 녹슬고 썩은 냄새, 톡 쏘는 듯한 박하향을 들이마셨다.

전나무와 독일가문비나무 아래, 송진과 감귤 향이 내 코를 찔렀고, 메마른 나무껍질이 대기를 향기롭게 했다.

나는 톡 쏘는 듯한 이 야생의 향이, 빗물이 땅속으로 스며들어
그곳에 있던 공기를 빠져나오게 하면서 나는 냄새란 걸 나중에야 알았다.

이건 균류와 박테리아의 소중한 노동에서 나오는 냄새다.

산림관리인으로 일하기 시작하면서 여기에 관심을 기울일 시간은 거의 없었다.

당시 나무는 당연히 내 가슴을 뛰게 했다. 하지만…

아름다운 5월에 나는 지역 풍습에 따라 한 여자를 위한 나의 사랑을 증명하기 위해 숲속에서 몇 미터에 달하는 나무 하나를 베어야 했다.

그리고 나는 친구들과 함께 그녀의 부모님 댁까지 그 나무를 끌고 갔다.

나는 나무를 다시 일으켜세웠고, 친구들과 그녀의 집 앞에 세워두었다.

나무들은 언제나 내게 행복을 가져다주었고, 미리암은 내 아내, 그리고 내 아이들의 엄마가 되었다.

내 커리어의 시작은 내 예상과는 전혀 달랐다.

라인란트팔츠주 행정감독관으로서 도시의 삶은 나를 놓아주지 않았다. 나는 4년 동안 '사무실 책임자'로 일해야 했다.

하지만 참고 버틴 결과, 드디어 어느 날 나는 내가 꿈에 그리던 지역의 산림관리인이 되었다!

그러니까 사무실 안에서…

나한테는 공포였다!

쾰른에서 한 시간 거리로, 벨기에 산림 근처인 그곳은 휨멜의 작은 마을 한가운데였다.

아이펠*의 두 시에 걸쳐 펼쳐진 1,200헥타르의 산림이 내 근무지가 됐다.

하지만 바로 이어서 4,000년 된 너도밤나무 숲에 있는 100살 넘은 나무들을 베어내라는 지시를 받았을 때 이를 갈았다.

당연히 가장 아름다운 나무들이었다! 그건 수익성 때문이었다.

* 아이펠(Eifel) 고원은 독일 서부(노르트라인베스트팔렌주 및 라인란트팔츠주)와 동부 벨기에, 동부 룩셈부르크에 걸쳐 있다.

한 나무는 이렇게 생각할 것이다.

반대로 나뭇잎을 더 오래 간직하는 다른 두 나무는 이렇게 생각할 것이다.

'빛이 줄어드는데 나뭇잎을 더 오래 보존할 필요가 뭐 있겠어?'

'봄에 기생충이 침범할지도 모르는데 미리 준비하고 식량을 완전히 채워두는 게 나아!'

'좀 더 저장할 수도 있겠지만 할 수 없지…'

'빛을 조금이라도 더 받아놓자. 어떻게 될지 모르니까!'

이 나무는 경솔해 보인다!

이쪽이 더 신중해 보인다. 하지만 다시 생각해보자!

사실은 첫 번째 나무가 이웃 나무들보다 훨씬 더 이성적이다.

왜냐하면 가을 광풍이 늘 10월에 찾아오기 때문이다! 가지에 나뭇잎을 가득 지니고 있으면 강풍이 불어닥칠 때 죽을 확률이 높다.

언젠가는 각각의 나무가 서로 다른 성격을 지녔다는 게 밝혀질 것이다. 그리고 임업대학에서 그걸 교육할 것이다.

나뭇잎의 색

가을이면 화려하고 빛나며 푸르렀던 나뭇잎은 점차 노란색으로 변해간다.
여러분은 카메라를 꺼내 들고, 사냥꾼은 소총을 꺼내 든다.

6개월간 광합성을 한 후 나뭇잎이 떨어지고 가지는 벌거벗게 된다.

동물이 겨울잠을 자듯 나무도 잠에 빠져든다.

마멋*과 곰처럼, 나무도 여름 동안 저장한 먹이로 생활한다.
8월부터 나무는 수액을 통해 뿌리에 저장을 시작한다.

영하의 온도가 찾아오면 나무는 가정집의 배관이 터지듯 터져버릴 수 있기에 물을 지닐 수 없다.

그래서 나뭇잎은 노랗게 되기 전에 창백한 녹색을 띤다.

* 다람쥣과 포유류. 몸 크기는 토끼만 하고 온몸에 회갈색 털이 덮여 있다.
9월부터 이듬해 4월까지 동면한다.

나뭇잎의 엽록소는 분해되고,
녹색 색소가 사라지면서 존재했지만,
우리 눈에 보이지 않았던 노란색이나
갈색 색소가 드러나게 된다.

양벚나무
(*Prunus avium*)

유럽마가목
(*Sorbus aucuparia*)

양벚나무와
팥배나무는 단풍이
일찍 찾아와 8월부터
붉은색을 드러낸다.

로부르참나무
(*Quercus robur*)

유럽너도밤나무
(*Fagus sylvatica*)

유럽피나무
(*Tilia × europaea*)

진디는 붉은색을
보지 못하기 때문이다…

그래서 나무는 녹색 옷을 벗고
최대한 붉게 변장해서 겨우내
머물 은신처를 찾는 기생충으로부터
도망칠 수 있게 된다.
나무가 건강하고 튼튼할수록
단풍도 더 잘 나타난다.

유럽사시나무
(*Populus tremula*)

노르웨이단풍
(*Acer platanoides*)

유럽서어나무
(*Carpinus betulus*)
이 나뭇잎은 봄에만 떨어진다.

서양 개암나무
(*Corylus avellana*)

일단 수액이 뿌리로
되돌아가면 단풍잎은
첫 바람이 부는 즉시 땅으로
떨어져 썩는다.

어린 활엽수는 여름 내내 부모 나무의 그늘 밑에서 빛이 부족했기에 최대한의 빛을 누리고자 다 자란 활엽수보다 더 오래 나뭇잎을 간직한다.

봄에도 마찬가지다. 어린 나무는 하루라도 빨리 좋은 날씨를 만끽하고자 큰 나무보다 더 빨리 나뭇잎을 펼친다.

여름 내내 나뭇잎이 붉거나 자줏빛인 나무들도 있다.

백색증*에 걸린 동물처럼 나무도 유전자 변이로 고통받는다. 광합성을 하지 못하기 때문에 빨리 자라지 못하는 나무들은 자연적으로 장애를 지닌 것이다.

역시 예외인데 훨씬 드물다.

사람들은 공원이나 정원을 장식하는 이 나무들을 볼 수 있을 뿐이다.

* 흔히 유전적으로 동물의 피부나 모발, 눈 따위에 색소가 생기지 않는 현상.

나이와 질병

여러 계절이 지나면서
나무 공장은 돌아갔고,
미리암과 내게는 두 아이가 생겼다.
아들 하나, 딸 하나였다. 우리는
1934년에 지어진 큰 산림관리인
주택과 그 별채에서 살았다.

기쁘게도 순수
도시인이었던 미리암은
빠르게 이 시골 생활의
매력에 빠져들었다.

미리암은 우리가
하나둘 입양해서
키우는 가축들을
매우 사랑했다.
닭, 개, 고양이, 염소,
토끼… 나는 직접
빵을 만들기 위해
호밀을 심기 시작했다.

100년 전, 우리 집을 짓기 위해 주변 나무들을 베어버린 후로 햇볕을 가득 받게 된 내 정원의 소나무가 그런 상태다.

이 소나무는 수령보다 훨씬 더 나이 들어 보이는데, 마치 야외 생활을 오래해서 얼굴에 세월의 흔적이 역력한 사람 같다. 또 다른 공통점은 나무껍질에 나무가 긴 삶을 살아오면서 공격을 받거나 사고로 생긴 흉터도 남아 있다는 것이다. 나무껍질은 나무가 거쳐온 모든 시련의 흔적을 드러낸다.

머리카락이 젊을 때처럼 더 이상 왕성하게
자라지 않는 많은 남자처럼(내 머리를 보라!),
아주 나이 든 나무의 가지도 점점 더 느리게
자란다. 마지막 잔가지는 마치 류머티즘으로
일그러진 손가락처럼 짧고 꼬부라져 있다.

대부분의 사람처럼 나무도
성장을 멈추면 살이 찐다.
나무는 점점 더 가지 끝까지
영양을 공급하기 어려워진다.
오래된 가지는 부서진다.
나무는 오그라들면서
왜소해진다.

나무껍질은 인간의 피부처럼
외부 공격으로부터 나무를
보호한다. 더 이상 상처를
제대로 치유하지 못하는
매우 나이 든 나무에서는
물기가 흘러나오는
상처가 많이 보인다.

상처의 열린 문으로 기생 균류들이 침범하여 나무가 완전히 쓰러질 때까지 천천히 속을 파들어가
나무의 심장인 심재까지 먹어 치운다. 생명이 다한 나무는 이윽고 땅에서 썩어 자손들에게 영양을 공급한다.

인간처럼 나무는 스스로 방어한다.
나무가 생산해내는 퇴치 물질은 매우 강력해서 주변 환경을 소독할 수 있을 정도다!

이미 1956년에 러시아 생물학자 보리스 토킨은 물방울 속에 살아 있는 원생동물이 소나무나 독일가문비나무의 침엽에서 나온 극소량의 물질에 의해 1초도 안 돼 죽는 사실을 알아냈다.

같은 방식으로 침엽수가 방출한 피톤치드의 활동으로 숲 공기는 거의 무균 상태다.

자신의 퇴치 물질로 기생충을 쫓아내지 못한 나무는 매우 두꺼운 나무껍질을 만들어 이들을 떼어낸다. 그렇지 않으면 균류나 박테리아의 공격을 받게 된다.

상처가 잘 치유되지 않은 채로
균류의 공격을 받는다면,
제대로 방어할 힘이 없을 것이다.

나무는 '빠르게' 자라는 데만
관심이 있는데, 섬나무좀이
나무껍질을 파고드는
경우에도 그렇다.

나무가 약해지면
가장 먼저 나타나는 징후는
위쪽의 새싹이 죽는 것이다.
측면 잔가지가 없는 마른
가지가 수관에 나타나고
나무는 생기를 잃는다.

침엽수에서 침엽들이 부족해지고
줄기의 수피가 조각조각
갈라지며 뜨게 된다.

나뭇잎에서 이상한 작은 돌출부를 본 적 있을 것이다.

어리상수혹벌

어리상수혹벌과 혹파리는 나뭇잎에 알을 낳는다. 유충은 침으로 작은 구역을 적시고, 이 물질이 나뭇잎 세포를 변형시킨다. 이윽고 이 부분이 보호 덮개를 만들어낸다.

피나무면충(성충)
(*Phytoptustiliae*)

피나무면충(충영)

애벌레는 작은 식물성 안에서 안식을 취하고, 가을에 나뭇잎이 떨어질 때 번데기로 변한다. 봄이 오기 전까지 번데기는 성충으로 우화한다. 진딧물과 마찬가지로 나무에겐 치명적인 위험이 없다.

꽃사슴과 노루도 가혹하다.
이들은 매일 몇 킬로그램의 음식을 먹어야 한다.
그것도 거의 24시간 동안! 만일 부족하면
나뭇잎뿐 아니라 나무껍질까지 먹는다.

이들은 또한 새로 자라난 뿔의 솜털 피부를 벗겨내기 위해,
유연한 어린 나무를 마치 솔처럼 자신들의 사슴뿔을 문지르는 데도 이용한다.
결국 어린 나무를 죽게 한다.

사실 이들은 초원의 풀이나 식물을
뜯어먹는 걸 훨씬 좋아한다.
하지만 사냥과 도시화 때문에
숲 깊숙이 숨어서 주로 밤에
이동할 수밖에 없게 된 것이다.

역설적으로, 임업(개벌)과
작업으로 지난 몇 세기 동안
멧돼지, 꽃사슴과 노루의
개체 수를 증가시켰다.

건기에 물을 공급하고
겨울 동안 먹이를 제공하는
사냥꾼들 때문에 늑대와
스라소니 같은 자연에서의
포식자가 곳곳에서 사라져
나타나지 않자 자연선택이
일어나지 못한 것이다.

오늘날 특히, 독일 숲은 전 세계에서
대형 초식동물이 가장 밀집한 숲 중 하나다!

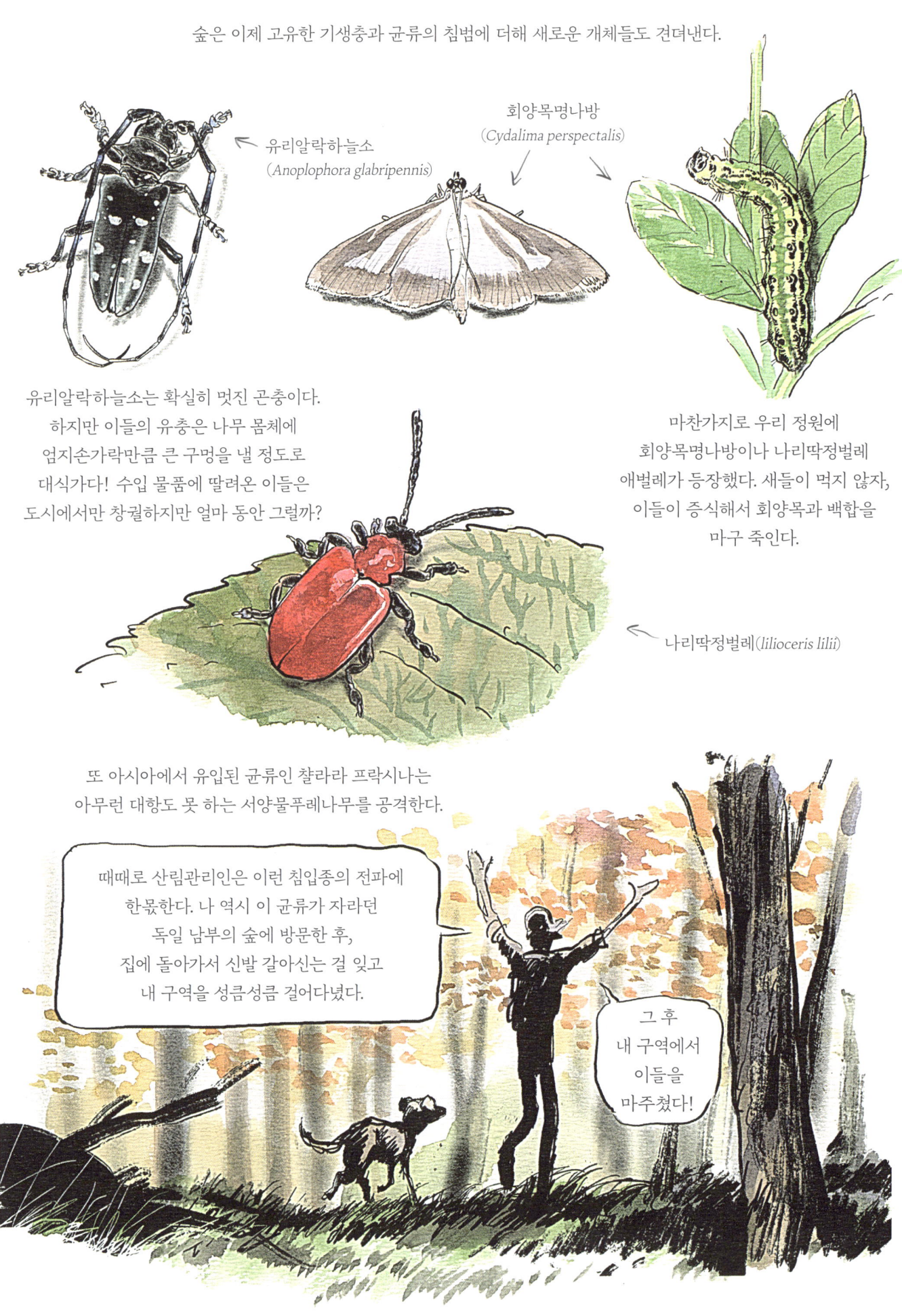

나무의 성장 속도는 느림

완전히 자급자족하는 삶은 가능하지도 않고 바라지도 않지만,
미리암과 나는 많은 동물과 함께 사는 것을 점점 더 좋아하게 됐다. 양과 꿀벌도 우리 부족에 합류했다.

> 시골과 사랑에 빠진 도시인 미리암이
> 말을 키우자고 했는데,
> 나는 그다지 달갑지 않았다.

우리의 산림관리인 주택을 둘러싼 5,000제곱미터의 대지에서
80제곱미터였던 우리의 조그만 채소밭이 점차 300제곱미터까지 늘어났다.
우리의 전임자는 크리스마스 때 전나무들을 심었다.

> 나는 그 뒤를 이을
> 의향이 전혀 없었기에 대신
> 과일 나무들을 심었다.

> 우리는 열 그루가량의
> 나무에서 큰 열매의 과일을,
> 그리고 소관목에서 베리류의
> 과일을 수확했다.

2000년 초반,
내가 완전히 착각했다는 걸 깨달았을 때,
나는 헨리 비올리(1858~1939)의 실험적 방법을
공부하기 위해 스위스로 갔다.
'정원이 가꾸어진 높은 숲'*. 이름만으로도 멋졌다!

거의 1세기 전부터 뇌샤텔 근처 숲에 적용된 방법으로, 개입을 줄이면서 자연 그대로의 진화를 존중하는 이 기술을 지켜본 나는 완전히 흥분한 채 독일로 돌아왔다.

너무나 실망스럽게도 경영진에서는 "안 돼!"라고 했다.

커다란 산림관리 기계 대신 말을 이용해 통나무를 운반하자는 나의 제안에 대해서도 마찬가지였다.

한마디로 넌더리가 났지만, 그래도 내 구역의 가장 오래된 너도밤나무 숲을 스위스에서 관찰한 것처럼 수목장 묘지로 보존하자는 제안은 받아들여졌다.

숲속의 살아 있는 묘비 발치에서 먼지로 돌아간다면 아름다운 휴식 아닐까?

* 넓은 부지에 단일 수종을 심고 나무의 성장이 끝나면 전체 나무를 베어내는 대신 다양한 종과 다양한 연령대의 나무가 공존하는 다양성에 중점을 둔 고지대 산림 시스템.

나무와 균류

나는 20년 넘게 공무원으로 일하며
산림관리 행정의 요청에 따라
심고, 키우고, 자르고, 옮겨 심었다.

내 직업은 고개를 위로 들어올리기보다
땅바닥을 향해 숙이고, 만지고, 냄새 맡는 일이다.

하지만 그건 값진 일이었다.

나무와 나무의 느린 속도는 우리의 리듬을 최소한으로
늦추라 한다. 우리의 무한한 관심 역시 줄이라고 한다.

난 완전히 좌절감을 느꼈다.

저녁이면, 나는 아직 배우지 못한 과학 연구 결과를 읽으면서 놀라고 또 놀랐다.
많은 경우 학자들의 발견은 내 소신을 강화했다.

나는 더 깊게 파고들 시간을 할애하기로 마음먹었다.
사람들은 아직도 눈에 보이는 균류의 모습이 번식 부위에
지나지 않는다는 사실을 알지 못한다.

꽃과 나무의 과일도 마찬가지다.
균사체는 나뭇잎, 가지, 나무 몸체, 뿌리에 비견될 수 있다.
이들은 식량과 균류의 성장을 관장한다.

산림관리인으로서 나는 일부 균류가 나무를
죽일 수 있는 걸 알았지만, 다른 균류는
나무의 상호소통을 돕는 건 몰랐다.
얼마나 놀라운지!

나무의 뿌리는 빙빙 돌아 잔뿌리로 뻗어나가고
뿌리털도 난다. 이뿐이 아니다.

지금으로부터 4억~5억 년 전, 뿌리 없는 조류가 육지를 점령하기 위해 이미 땅에 존재하던 균류와 결합했다. 균류의 균사체와 식물 뿌리에 있는 조류와의 공생을 미코리차라 한다. 이 결합 없이는 나무도 존재할 수 없다!

나무와 균류 그리고 뿌리와 균사체, 이건 우리가 숲을 산책할 때 우리 발밑에 펼쳐진 엄청난 조직망이다.

뽕나무버섯
(*Armillaria mellea*)

스위스에 있는 나이가 1,000살인 할리마쉬(*Armillaria*) 균사는 50헥타르까지 뻗어나갔다.

미국 오리건주의 또 다른 균류는 900헥타르까지 뻗어나갔고 600톤에 달하며 2,400살로 추정된다!

일부 균류는 평생 한 종의 나무와만 결합한다. 또 다른 균류는 선택이 덜 까다롭다. 꾀꼬리버섯은 참나무, 너도밤나무, 독일가문비나무를 파트너로 선택할 수 있다. 또한, 나무도 여러 균류를 파트너로 선택할 수 있다. 서로 다른 100개가 넘는 균류 종이 하나의 나무와 결합할 수 있다!

꾀꼬리버섯
(*Cantharellus cibarius*)

우리는 나무로부터 배울 게 많다. 나무들은 상호작용하고, 교류하고, 서로 돕는다. 진정한 하나의 공동체를 이룬다. 인간의 신경세포처럼 상상도 못 할 정도의 네트워크로 이어져 있다. 이건 분명한 사실이다.

나무가 수백만 년 전부터 균류와 함께 대지를 비옥하고 살 수 있는 곳으로 만들어오는 동안, 인간은 2세기 이전부터 대지를 심하게 훼손하고 아무런 거리낌 없이 초토화했다.

인간은 지구상에서
독특하고도 풍부한 생명체를
뼛속까지 고갈시켰다.
나무가 대부분을 차지해온
이 지구의 놀라운 생명체를 말이다.

* wohllebens waldakademie (wohllebens forest academy)

이렇게 아름다운 나무가 평생 20톤의 이산화 탄소까지 저장할 수 있다는 사실을 누가 짐작할 수 있을까?

우리 생각과 달리 나무가 죽은 다음에도, 탄소가 대기 중으로 다 방출되는 것은 아니다. 왜냐하면 미생물이 죽은 나무를 입자로 분해해서 땅속에 매장하고 이는 석탄으로 변하기 때문이다.

오늘날 우리가 이용하는 석탄은 3억 년 전에 살았던 식물들이 땅속에서 변한 것이다.

이 거대한 태초의 숲이 지구를 탄소로 가득 채웠던 시절에는 공기 중에 이산화 탄소가 지금보다 9배나 더 많았다! 바로 그 시대의 나무들이 이산화 탄소를 수천 년에 걸쳐 매우 천천히 지하층에 저장해왔던 것이다.

동시에 언제나 더 많은 산소를 내보냈다.

인간이 이걸 뒤집기 전까지….

인간은 가스, 석탄, 석유 형태로 이용하기 위해 탄소를 추출해서
대기 중 이산화 탄소 농도를 다시 높이고 기후 온난화를 유발하고 있다.

다시 말해 인간은 과거의 생물로
오늘날의 생물을 파괴하고 있다!

인간은 가스, 석탄, 석유 형태로 이용하기 위해 탄소를 추출해서 대기 중 이산화 탄소 농도를 다시 높이고 기후 온난화를 유발하고 있다.

채굴 때문에 더 많은 햇빛이 나무 밑을 통과하고, 이로써 생물이 지면에서 더 가까이 살며 번성하며 마지막 부식토를 소비하게 된다. 결과적으로 잦은 개벌(皆伐)로 인공림에서는 더 이상 석탄이 생성되지 않을 수 있다.

겨울 그리고 다양한 사건

내게 숲에서 발견한 것들을 책을 통해
이야기해보라고 권한 건 아내였다.
그래서 난 2007년부터 글을 쓰기 시작했다.
이렇게 큰 성공을 거두리란 건 상상도 못 했다.

수익성 있는 경영을 인증하는
산림 증명을 받았을 때
뛸 듯이 기뻤다.

실제로 수익은 점차 커졌지만
난 과도하게 일하고 있었다.

나무도 사는 동안 사람처럼 고난을 겪고 때로 사고의 희생자가 되기도 한다. 소나무, 전나무, 독일가문비나무는 활엽수보다 훨씬 이른 시기인 1억 7,000만 년 전에 등장했다.

이들은 겨울에도 동결 방지제를 함유하고 증발을 막아주는 가죽처럼 질긴 덮개가 있는 침엽을 보존한다. 이들은 물을 끌어올릴 수 없는 언 땅에서도 갈증으로 죽지 않는다.

활엽수는 1억만 년 전, 기후가 다시 추워질 때 혹독한 추위 및 돌풍과 함께 등장했다. 따라서 기후 변화에 적절히 대응해야 했다.

시속 100킬로미터로 부는 바람은 1,200제곱미터의 나무에 약 10톤가량의 압력을 가하는 셈이다. 나뭇잎이 떨어진다는 건, 돛단배의 40미터 높이의 돛대에 30×40미터의 돛을 내리는 것과 같다.

나무에게는 겨울의 돌풍이 언제나 혹독한 시련이다. 1990년 비브케 허리케인*이 닥쳤을 때 주로 농장을 비롯한 수천 제곱미터의 숲이 거의 완전히 파괴되었다.

다른 기상 현상도 지역적으로 숲을 훼손시킬 수 있다.

우리 위도에서는 회오리바람이 여름 폭풍우와 함께 발생하는데 나뭇잎이 가득한 나무는 이 강한 바람을 고스란히 맞는다.

아래 그림처럼 찢긴 나무는 오랫동안 자연의 엄청난 폭력성을 증명할 것이다.

회오리바람과 매초 방향을 바꾸는 소용돌이치는 강한 바람은 지나는 길에 있는 나무를 산산조각낸다.

* 1990년 2월 28일 밤부터 3월 1일까지 독일, 스위스, 오스트리아 일부 지역을 강타한 폭풍. 이 허리케인으로 총 35명이 사망했으며, 당시 독일에서 연간 벌채하는 양의 2배에 달하는 나무가 부러지거나 뽑혔다.

하지만 나무가 자신의 방어 전략의 진화를 증명하는 건 매우 드물다.
폭우 같은 피해도 매우 흔하다. 몇 분 만에 몇 톤의 물이 쏟아져 나뭇잎이 가득한 나무들을 말 그대로 뭉개버린다.

하지만 억수 같은 비에도 나무는 고개를 높게 들고 있다.

자신이 속한 종의 가장 기본적인 모양을
따르지 않은 나무가 가장 위험하다.

가지가 위로 나면서 수평으로
뻗어나가 말단 부위가 처진 나무가
가지의 방향을 바꾸지 않고 곧바로
위로 자란 나무보다 더 운이 좋다.

좋은 예   나쁜 예

공동체 생활은 태초 원시림의 일원으로서 뭘 해야 하고,
뭘 하지 말아야 하는지를 규정하는 불문율을 지킨다는 사실을 의미한다.

그러므로 튼튼한 나무는 아름답다.
하지만 나무가 예쁘게 보이려고
줄기를 곧게 뻗은 것은 아니다.

큰 가지와 균형 잡힌 수관을 갖추고,
뿌리가 사방으로 뻗어서 땅과 돌에 단단히
달라붙은 나무가 압력을 잘 견딘다.

이 나무는 쉽게 휘어져 비의 무게에도 꺾이지 않는다.

또 일부 상황과 지형에서 나무는 정말 이상한 형태를 취할 수도 있다. 어떤 대지의 평야나 바닷가에서 매우 강하게 자주 부는 바람으로 비스듬해진 나무는 구부러진 형태로 자란다.

산에 내린 눈은 비스듬한 방향으로 어린 나무를 덮친다. 아주 어린 나무는 문제가 없지만 벌써 몇 미터 자란 나무는 후유증이 심각할 수 있다. 쌓인 눈의 높이를 넘어서야만 다시 수직으로 자랄 수 있다.

알래스카에서는 러시아 학자들이 '술 취한 나무들'이라 명명한 나무들도 볼 수 있다.

기후 온난화로 인해 영구 동토층이 녹으면서 일년 내내 심하게 진흙투성이가 된 땅은 나무가 이리저리로 기울게 한다.

나뭇잎이 다 떨어진 활엽수는 눈을 맞아도 큰 문제가 없다. 하지만 4월이 돼서 나뭇잎들이 자라면 상황은 다르다.

젖은 눈송이가 2유로 동전 크기만 해지면 위험해진다.

다 자란 나무는 일부 눈덩이를 털어낼 수 있다. 반면, 어린 나무는 몸체가 유연해 꺾이거나 땅까지 구부러져서 다시 일어나지 못한다.

젖어서 끈적해진 눈이 나뭇잎과 가지에 들러붙는다…

숲을 산책할 때 눈을 크게 뜬다면 이런 모습을 쉽게 볼 수 있을 것이다!

그리고 서리가 있다.

서리는 그림 형제 동화에서처럼 숲을 마법의 공간으로 만들어주는 매우 아름다운 현상이다.

서리는 영하의 기온에서 안개가 낄 때 생긴다. 미세 물방울이 공기 중에 떠다니다가 얼음 결정으로 변해 가지에 쌓인다.

몇 시간 만에 숲은 완전히 하얗게 변할 수 있다.

만일 이 현상이
며칠 내리 지속된다면
위험하다!

이례적인 대기 현상은 평균적으로 10년마다 일어난다.
인간의 삶에선 7번이나 9번이지만 나무는 50번까지 맞이할 수 있다!

숲에서 나무 공동체는 이웃과 서로의 어깨에 기대어 의지하며 더 쉽게 저항한다.
특히 인간의 간섭을 받지 않은 숲이 그렇다.
그러나 홀로 동떨어진 개체는 악천후에 훨씬 취약하다.

코르크참나무
(*Quercus suber*)

화재에 대비해 방어기제를 발달시킨 유일한 활엽수는 코르크참나무다.

이 나무는 자주 산불이 발생하는 건조하고 바람이 많은 지중해가 그의 서식지다.
나무의 나이가 많을수록 코르크층이 더 두꺼워 타오르는 불길로부터 변재와 잠아(나무 속에 있는 눈)를 보호한다.

이리하여 나무의 잎은 다음 해에 다시 태어날 수 있다.

반대로 소나무나 독일가문비나무로 이뤄진 단순림에서는 마치 성냥개비처럼 타오른다.

바닥에 잔뜩 널린 솔방울과 건조한 침엽, 송진과 식물성 정유가 널린 곳에서는 조그마한 불씨라도 활활 타오른다!

우릉

지능과 기억력

병에 걸렸을 때, 나는 하늘이 무너지는 것 같았다. 그리고 수없이 자문했다.

드디어 내가 원하는 대로 일하고 있는데 왜 이토록 스트레스를 받고 있을까?

게다가 2008년에는 왜 심장에 문제가 생길 정도로 힘들었을까?

난 숲에서 아침부터 밤까지 나무와 함께 시간을 보냈는데…

나무가 주는 혜택이 없었다면 더 심각했을까? 내가 일에 파묻혀서 스스로를 파괴하는 동안 나무는 아무 역할도 하지 못했을까?

이런 질문들에 의사도 당연히 답하지 못했다.

그래서 아내와 아이들은 내가 숲에서 가끔 해야 했던 행동을 하도록 강요했다. 빈둥거리기, 산책하기, 바닥에 몸을 뻗고 누워 있기, 그리고 호흡하기.

4년간의 치유 끝에 마침내 나는 더 나은 상황을 맞이할 수 있었다.
'산림욕'이 내게 엄청나게 도움을 줬다.

나는 드디어 나무의 느림을 배웠다! 특히 시간을 잊는 법을. 어린 시절부터 강요받았던 지루하고 단조로운 주일학교 때문에 나는 종교를 가지지 않았고, 다른 내적 믿음도 없었다.

뭔가 우월한 힘을 믿고 싶었지만 그러지 못했다. 난 나무를 가슴에 안고 나무가 신령스러운 기운을 지녔다고 믿는 사람들을 좋아했다. 어떤 사람들은 나무가 우리에게 말을 하고 그들의 에너지를 전달한다고 주장했다. 하지만 난 회의적이다. 나도 그렇게 믿고 싶지만 그러지 못했다.

과학의 신비와 생태계에서 인간이 처한 위치에 나는 경이로움을 느꼈고
충분히 만족했다. 자연에서의 직접적인 관찰이든 실험실 연구이든지 간에
상관없이 식물들은 깜짝 놀랄 만한 전략과 인지 능력,
그리고 학습 능력과 소통 능력을 보인다.

아카시아는 이웃에게 나뭇잎이
먹힐 거라는 걸 알려준다.

1970년대 아프리카에서 과학자들은 이상한 현상을 발견했다.
아카시아를 뜯어먹는 대형 초식동물들이 갑자기 어떤 나무를 포기하고,
100~200미터 더 멀리 있는 같은 종류 나무의 잎을 먹으러 가는 것이었다. 논리에 맞지 않았다.

하지만 연구를 통해 아카시아는
공격받으면 몇 분 안에 나뭇잎에
독성 물질을 증가시킨다는 것을
밝혀냈다.

아카시아를 먹을 수 없게 된
쿠두*와 기린은 즉시 포기하고
바람을 거슬러 더 먼 곳으로 이동했다.

* 솟과에 속하는 뿔이 뒤틀린 큰 영양. 푸른 잿빛에 8~9개의 줄무늬가 있다.

그래서 가장 가까이 있는 나무들은 처음으로
공격받은 아카시아가 보낸 화학적 경고 메시지를
이미 모두 전달받았던 것이다!

오늘날, 우리 숲에서도 나무들이
휘발성 미립자로 구성된
화학적 메시지를 통해 서로 원거리 소통을
한다는 사실을 알고 있다.

시계꽃을 영원히 속일 수는 없다. 나선으로 기어오르는 다른 덩굴 식물도 마찬가지다.

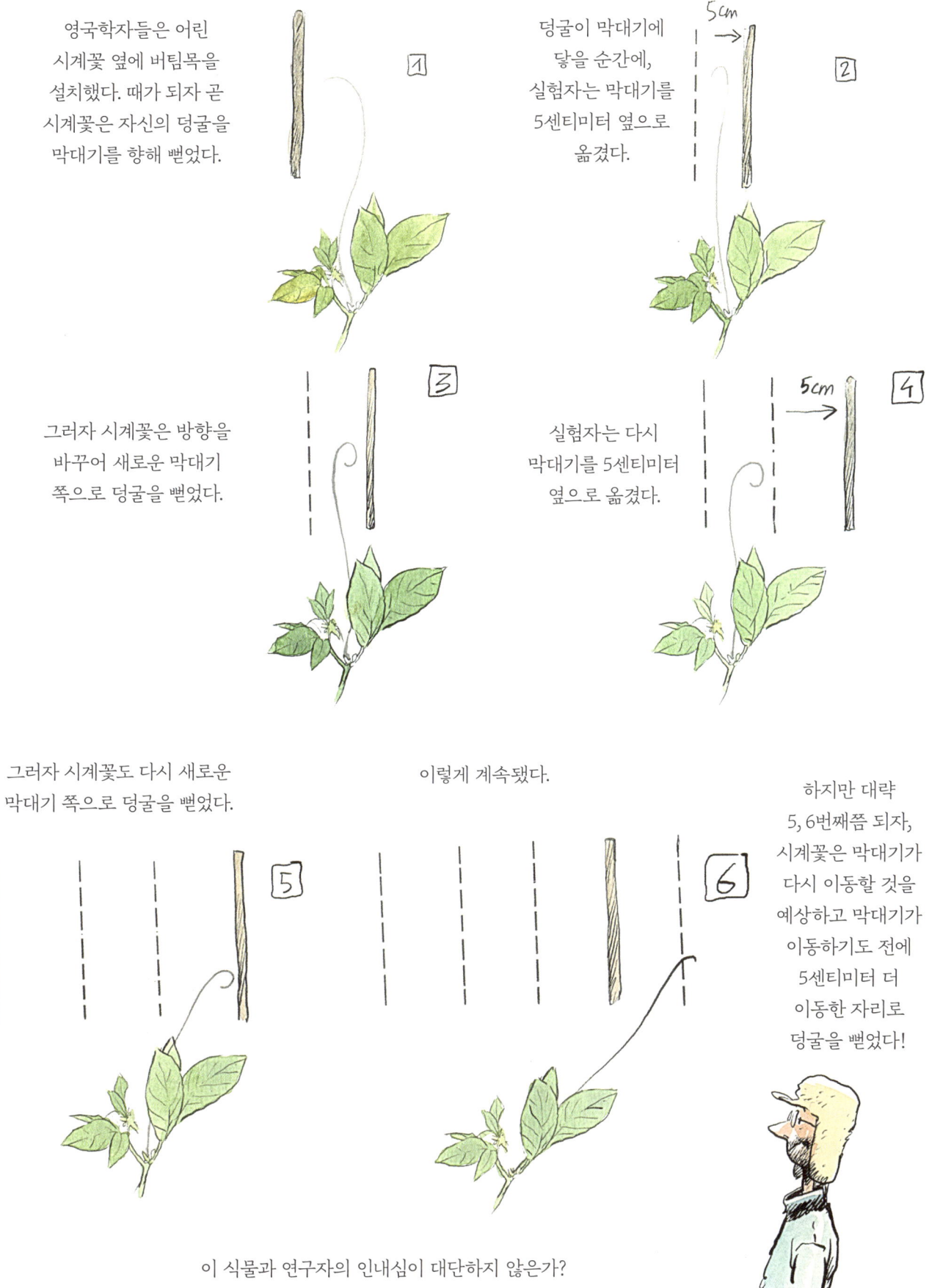

이 식물과 연구자의 인내심이 대단하지 않은가?

너도밤나무는 자신의 자식들을 알아보고 보호한다.

다른 너도밤나무의 열매가 다람쥐나 어치,
혹은 바람에 의해 자신의 발치에 오면,
나무뿌리는 이 어린 너도밤나무 새싹을
완전히 무시하고 지나가 그 밑으로
뿌리를 뻗는다.

하지만 만일 자신의 씨앗이라면,
어미 너도밤나무는 자신의 어린 새싹이
더 쉽게 자리 잡고 성장할 수 있도록
어린 새싹과 뿌리를 연결한다.

뿌리를 통해 어미 나무는 아기 나무에
부족한 당분이 든 수액을 공급한다.
나무는 때로는 일부 사람보다도
더 끈끈하게 가족의 정을 나눈다!

상부상조와 의사소통

이웃 나무가 아프거나 곤란에 처하면 오직 같은 종의
나무들끼리만 양분과 물을 공급하며 서로 돕는다.

즉, 서로 어떤 종에 속하는지 정확히 안다는 뜻이다.
가장 밑에서 윗부분까지 나무들은 서로를 식별한다.

상부상조 현상은
자연 숲에서만 나타난다.

인공적으로 서로 멀찍이 떨어지게
심긴 나무들은 서로를 무시한 채
태양을 향해 위로만 자란다.
이게 사람들이 바라는 바이기도 하다.

못 믿겠지만 사실이다. 찻숟갈 하나의 산림토양에서 무려 1킬로미터가량의 균사체를 뽑아낼 수 있다.

균류는 숲의 인터넷이다. 그러니까 나무는 수백 년 전부터 섬유를 지녀왔다! 이를 두고 과학자들은 나무 인터넷(Wood Wide Web)을 얘기하기도 한다.

생각지도 못한 일이지만 곤충, 질병, 가뭄, 그리고 다른 위험에 대한 모든 정보가 멀리 저 멀리 아무도 알아채지 못하게 소리도 없이 전달된다.

덤불, 잔디 등 모든 식물이 이런 식으로 거대한 산림 공동체 속에서 의사소통하고 있다는 걸 알아야 한다.

개인적으로 나는 현기증이 났다!

어떻게 이 모든 걸 알게 됐는데도 산림 작업을 계속하며 예전처럼 줄 맞춰 나무를 심고, 헛되이 베어버릴 수 있겠는가!

산림관리인 대부분은 자신의 눈에 약하거나 쓸모없어 보이는 나무들을 계속해서 제거하면서 연대 사슬을 파괴한다. 게다가 이 작업은 습도와 미광이 매우 중요한 숲의 소기후를 변화시키고 어지럽힌다.

햇빛과 바람이 나무들 사이의 열린 틈으로 들이닥치면서 지면을 달구고 건조하게 만든다. 그루터기들로 둘러싸인 남은 나무들의 연결은 허공에서 사라진다.

수분 부족이나 기생충의 습격 문제가 발생해도 상부상조는 이제 불가능하거나 효과가 떨어지게 된다.

게다가 폭풍-우가 치면, 거친 바람은 더 쉽게 나무 밑을 통과해 큰 피해를 준다.

거의 세계 곳곳의 숲에 폭풍우, 뇌우, 돌풍, 홍수, 가뭄, 화재가 증가해 숲을 파괴하고 있다.

거의 300년 전부터 인간 활동의 영향으로 기후 문제가 폭발적으로 증가했다.

하지만 인간이 지구상에서 숨 쉬는 공기의 21퍼센트가 산소를 포함하고 있는 건, 하늘의 선물도 인간의 능력도 아니다. 나무들의 업적이다.

100여 년을 살아가는 동안, 나무는 언제나 소박하고 겸손하게 자신의 환경에 이바지한다. 사람은 이보다도 못한 기여로도 축하받고 신성시된다!

나는 새 책을 쓰느라 바빴던 시기에
아들과 며느리에게 내가 2016년에 창립한
'볼레벤 숲 아카데미' 경영을 맡겼다.

우리는 대중을 맞이할 건물을 지었고
숲 생활 연수도 운영한다.

일선에서 발을 조금 뺀 뒤 전보다 자주 가보진
못하지만, 나는 나무를 존중하고 지속 가능하게
숲을 운영하는 운동을 계속해서 펼치고 있다.
오늘날 세계 각지에서 온 사람들이 내 숲을
방문해서 내가 정착시키는 데 성공한
자연 경영에 대해 영감을 얻는다.

나는 이들을 동반하고 안내한다.

현재 사람들은
나를 숲 경영의 기준이자
참고자료로 삼지만,
나는 강의를 통해
교훈을 주려는 게 아니다.
나는 단지 내가 어려서부터
그토록 되고 싶었던
숲 관리인이자 이야기하는 걸
좋아하는 사람일 뿐이다.

나무는 이미 숲을 매우 불안정하게 만들었던 빙하기를 견뎌야 했다.
그래서 몇 세기에 걸쳐서 더 따뜻하고 쾌적한 곳으로 이주했다.

마치 인간이 기근이나 내전에
직면해서 그러했듯 말이다.

고고학은 많은 나무가 얼음물에 잠겼다는 걸 증명했다. 유럽너도밤나무와 미국너도밤나무는 이미 300만 년 전에
모두 우리 위도상에 살았던 반면, 이동 속도가 더딘 미국너도밤나무는 지금 완전히 자취를 감추었다.

북미에서는 여전히 미국너도밤나무를
찾아볼 수 있지만, 유럽에서는 알프스가
이들에게 넘지 못하는 장벽이다.

모든 세대에 걸쳐 유전자 변이가
일어나는 것을 진화라고 부른다.
생쥐가 6, 7주마다 번식하는 반면,
나무는 매우 느리게 번식한다.
그래서 새로운 삶의 환경에
적응하는 데 애를 먹는다.

나무는 기후보다도
훨씬 느리게 진화한다.

하지만 극단적인 환경을 포함해서, 같은 종의 나무가 모두 멸망한다 해도 언제나 이런 환경에 잘 대비한 몇몇 개체는 살아남아 열매를 맺고 번식을 계속한다.

위안이 될지 모르겠지만, 내 계산에 의하면 내 구역 기후가 스페인 기후와 비슷해지더라도, 아주 건강한 나무들이 있는 매우 오래된 너도밤나무 숲 대부분은 기후에 저항해서 살아남을 것이다.

인간이 등장해 대지를 이용하기 전에는 땅의 50퍼센트가 숲이었다. 지금은 약 3분의 1정도다.

40억 헥타르가량의 침엽수림, 열대 우림, 그리고 온대림이 있었는데,
2001년과 2020년 사이에 또다시 10퍼센트, 그러니까 4억 4,100만 헥타르가 감소했다.

그리고 사라진 숲 대부분은 원시림으로 오늘날의 숲의 34퍼센트만 차지한다.
이중 절반 이상이 러시아, 캐나다, 미국, 브라질, 중국, 그리고 콩고에 위치한다.

독일과 가까이에 있고, 유럽에 유일하게 남은 원시림은 폴란드에 위치한다. 비아워비에자* 숲이 유럽 야생 들소의 마지막 대형 서식지다. 그러나 현재 정부가 벌채를 허용했기에 매우 좋지 않은 상태다.

* 폴란드와 벨라루스 사이 국경지대에 있는 침엽수와 활엽수를 포함하는 광활한 원시림.

캐나다 맥길대학의 조이 린도라는 생물학자가
최소 500년 이상 된 시트카가문비나무(Picea sitchensis)*를 연구했다.

* 거의 100m까지 자라는 침엽 상록수로 가장 큰 가문비나무 종이자 세계에서 세 번째로 큰 침엽수종.

훌륭한 몸체 줄기와 나뭇가지는 수많은
남세균이 서식하는 이끼로 뒤덮여 있었다.

남세균은 대기 중의 질소를
빨아들여 나무가 흡수할 수 있는
형태로 바꾸는 능력이 있다.

원시림이 무미건조해 보이는 또 다른 이유는 이들의 식물군이 초원보다 덜 원색적이기 때문이기도 하다.

오늘날 유럽이 19세기보다 더 많은 숲을 보유한다는 사실에 기뻐할 수도 있다.

프랑스에서 후계림은 1850년경 900만 헥타르로 가장 작았다. 현재는 1,700만 헥타르에 달한다.

이는 농촌의 사막화, 그리고 수많은 '나무 공장'을 위해 경작지를 버리고 그 땅을 나무를 심는 데 사용한 결과다.

그러나 조림지는 조림지로 남는다. 특히나 단일종으로 이루어진 조림지는 더 그렇다.

이곳은 인간이 개입하지 않고 내버려두면 오래 살지 못하는 자연숲이 아니다.

내가 실행하기 시작한 작업이 국제적으로 인정받고 있지만, 아직 많은 산림관리인은 그걸 비상식적이라 생각한다.

지구 온난화, 기후 불확실성, 생물 다양성 붕괴로 인해
야생 그대로의 자연에 대한 향수가 커지고 있다.

지구에서 50년간 68퍼센트의 동물 개체가 사라졌다.

1980년 이래 프랑스와 독일에서는 30퍼센트의 새가 사라졌다.

이건 우리가 제대로 관리하지 못한 데서 기인한다. 왜냐하면 몇 세기 전에 유럽 원시림 대부분이 사라졌기 때문이다.

바로 이게 숲과 인간의 긴 역사다.

몇몇 인물이 18세기 말부터
인간의 파괴적인 영향에 대해 우려하기 시작했고,
첫 보호 움직임은 19세기 미국에서 나타났다.

인간이 자연을 남용하는 행동의
한계와 영향을 구체적으로 깨닫기
시작한 건 반세기도 안 됐고,
진정한 사회문제로 주목받은 지는
고작 40년가량 됐다.

이제 우리는 진심으로
해결책을 찾기 시작했다.
매우 늦었지만 그래도
좋은 소식이다!

독일에서는 숲의 5퍼센트가
미래의 원시림이 될 수 있도록 전혀 개입하지 않고
자연 그대로 내버려두기로 했다.

하지만 매우 오랜 시간이
필요할 것이다.

인간이 손댄 숲의 하층토가 원시림과
같은 미생물 다양성을 회복하려면
500년의 세월이 필요하다!
인간이 일생 동안 볼 수 있는
숲의 변화는 미미하다.

지금까지 독일은 겨우 2퍼센트가량의
숲에만 완전한 자유를 부여했지만,
이는 여전히 30만 헥타르에 달한다!

몇십 년 전부터 큰 비용을 들여왔던
자연보호구역과 달리, 이곳은 인간이 절대로
개입하지 못하도록 엄격히 관리되는 곳이다.

이제 어떻게 될까?

처음에는 그리 재미있지 않다.

독일가문비나무 숲에서는 섬나무좀이 나무로 달려들어 증식하는 바람에 나무 대부분이 죽었다. 독일에서 2018년 이후 60만 헥타르, 전체 면적의 6퍼센트에 해당하는 숲이 사라졌다.

씨앗에서 자라난 새로운 세대의 침엽수림은 강풍에 빠르게 쓰러졌다. 장기적으로는 가뭄을 잘 견디는 활엽수가 이들의 자리를 대신할 것이다.

단 500년만 지나면 원시림이 본격적으로 자리 잡을 것이다. 활엽수림은 자연 그대로 내버려두면 200년이면 충분할 것이다.

인간과 동물과의 관계도 자연에 심취해서
숲에서 살던 내 어린 시절과는 많이 달라졌다.
동물실험과 공장식 사육이 여전히 존재하긴 하지만
꾸준히 감소하고 있다.

세계적으로 소비자들이 육류 섭취를 점점 줄이고 있으며, 동물을 존중하는 동물 친화적 사육 환경을 중요시한다.

빠른 속도로 개선되진 않지만 그래도 고무적이다.
우리는 이제 동물, 게다가 곤충도 여러 면에서 인간과 같은 감각을 지녔다는 사실을 알게 됐다.

놀랄 일은 이뿐이 아니다.
캘리포니아 연구진은 최근 초파리가
꿈을 꾼다는 사실을 발견했다.

노랑초파리
(Dhrosophila melanogaster)

데카르트의 '기계 동물'과 '자연의 소유주' 인간은 영원히 안녕일까?
영원히 안녕? 아직은 아니다. 그러나 우리는 전진하고 있다.

현재 인간이 이용하는 유럽 온대림의 92퍼센트가 거대한 기계를 이용해 대량으로 벌채된다.

하지만 5퍼센트가 드디어 서로 다른 수종, 높이, 나이를 지닌 나무들이 친밀하게 섞여 있는 새로운 '정원이 가꾸어진 높은 숲' 모델에 따라 관리된다.

무한한 신뢰를 보여준 페터에게,

경사진 오솔길을 잘 걸어와준 아나이스와 두 명의 로랑에게,

전 여정에 걸쳐 훌륭한 작품을 만들어낸 벤자민에게 큰 감사를 보낸다.

나와 함께 숲속에서 긴 시간을 보낸 내 손자 제롬에게 이 책을 바친다.

또 내게 가장 먼저 숲의 삶과 이 땅의 생명체에 관심을 갖도록 해준

아버지 쟈크에게도 감사한다.

– 프레드 베르나르

프레드의 작업과 관대함과 유머에,

아나이스의 에너지와 끈기 있는 작업과 매 순간의 지지에,

로랑의 평온함과 신뢰에,

나의 색채 팀 마뉴 프로스트 그리고 길다 플라홀트에게,

이사벨 켈러의 환대에,

줄리안 마통의 와인과 인터넷 연결에,

소니아의 마술에,

알랭 다비드와 세바스티안 그네디히의 지지와 이해와 인내에,

새로운 세계의 세 소관목인 니나, 아눅, 요아킴에게,

그리고 늘 지켜봐주는 클로딜드와 카미유와 프리실라에게

감사의 말을 전한다.

– 벤자민 플라오

나무들의 비밀스러운 생활

1판 1쇄 발행 2025년 5월 23일
1판 3쇄 발행 2025년 11월 14일

원작·각색 페터 볼레벤
각색 프레드 베르나르
그림 벤자민 플라오
번역 유정민
감수 남효창

발행인 김기중
주간 신선영
편집 백수연, 정진숙
경영지원 홍운선

펴낸곳 도서출판 더숲
주소 서울특별시 영등포구 당산로41길 11, E동 1410호 (07217)
전화 02-3141-8301
팩스 02-3141-8303
이메일 info@theforestbook.co.kr
페이스북 @forestbookwithu
인스타그램 @theforest_book
출판등록 2009년 3월 30일 제2025-000114호

ISBN 979-11-94273-14-1 (03480)

※ 이 책은 도서출판 더숲이 저작권자와의 계약에 따라 발행한 것이므로
  본사의 서면 허락 없이는 어떠한 형태나 수단으로도 이 책의 내용을 이용하지 못합니다.
※ 잘못된 책은 구입하신 곳에서 바꾸어 드립니다.
※ 책값은 뒤표지에 있습니다.
※ 원고를 기다리고 있습니다. 출판하고 싶은 원고가 있는 분은 info@theforestbook.co.kr로
  기획 의도와 간단한 개요를 적어 연락처와 함께 보내주시기 바랍니다.